Ruby Jindal

A Dança Quântica: Desvendando os Mistérios da Supercondutividade

Ruby Jindal

A Dança Quântica: Desvendando os Mistérios da Supercondutividade

ScienciaScripts

ÍNDICE

Capítulo 1: O nascimento da supercondutividade 3

Capítulo 2: Conceitos fundamentais da supercondutividade 7

Capítulo 3: Fundamentos teóricos 12

Capítulo 4: Métodos Experimentais e Materiais em Supercondutividade 18

Capítulo 5: Aplicações e tecnologias da supercondutividade 24

Capítulo 6: Tendências futuras e inovações no domínio da supercondutividade 31

Capítulo 7: Desafios e considerações éticas no domínio da supercondutividade 38

Capítulo 8: Perspectivas futuras e tendências emergentes no domínio da supercondutividade 44

Prefácio

O domínio da supercondutividade é uma das fronteiras mais cativantes da física moderna, com a promessa de revolucionar a tecnologia e a nossa compreensão do universo. Desde a descoberta da resistência eléctrica zero até às maravilhas da levitação quântica, a supercondutividade desafia as nossas percepções convencionais dos materiais e dos seus comportamentos em condições extremas. Este livro, "A Dança Quântica: Unraveling the Mysteries of Superconductivity", é um esforço para explorar os fenómenos fascinantes dos supercondutores, os seus princípios subjacentes e as suas vastas aplicações potenciais.

A viagem à supercondutividade começou há mais de um século com o trabalho inovador de Heike Kamerlingh Onnes, que observou pela primeira vez o desaparecimento da resistência eléctrica no mercúrio a temperaturas criogénicas. Desde então, o campo evoluiu tremendamente, com a descoberta de supercondutores de alta temperatura e a procura contínua de compreender os mecanismos enigmáticos que lhes estão subjacentes. Esta evolução tem sido marcada por notáveis realizações científicas e inovações tecnológicas, cada passo aproximando-nos mais do aproveitamento de todo o potencial dos supercondutores.

Este livro destina-se a um público diversificado, desde estudantes e investigadores em física e ciência dos materiais a entusiastas da tecnologia e mentes curiosas que estão ansiosas por mergulhar nas maravilhas da supercondutividade. O nosso objetivo é fornecer uma visão abrangente deste campo, começando com o desenvolvimento histórico e os conceitos fundamentais, e progredindo até aos últimos avanços e direcções futuras. Ao longo do caminho, exploraremos as principais experiências, modelos teóricos e avanços tecnológicos que moldaram a nossa compreensão dos supercondutores.

Dr. Ruby Jindal
(Universidade K.R. Mangalam, Gurugram, Haryana, Índia)

Capítulo 1: O nascimento da supercondutividade

1.1 A descoberta por Heike Kamerlingh Onnes

A história da supercondutividade começa no início do século XX com o trabalho pioneiro do físico holandês Heike Kamerlingh Onnes. Nascido em Groningen, nos Países Baixos, Onnes era um cientista meticuloso e inovador, cuja dedicação à física experimental lhe valeu o Prémio Nobel da Física em 1913. A sua investigação pioneira sobre as propriedades da matéria a baixas temperaturas lançou as bases para a descoberta da supercondutividade.

Em 1908, Onnes alcançou um marco significativo ao liquefazer hélio, atingindo temperaturas tão baixas como 4,2 Kelvin (-268,95°C). Este feito proporcionou os meios para explorar o comportamento dos materiais a temperaturas baixas sem precedentes. Onnes estava particularmente interessado na resistência eléctrica dos metais, que esperava que desaparecesse à medida que as temperaturas se aproximassem do zero absoluto, de acordo com a teoria de Lord Kelvin.

Em 8 de abril de 1911, Onnes e a sua equipa realizaram uma série de experiências com mercúrio, um metal simples conhecido pelas suas propriedades condutoras. Para seu espanto, observaram que, a uma temperatura de aproximadamente 4,2 Kelvin, a resistência eléctrica do mercúrio descia abruptamente para zero. Este fenómeno, que Onnes designou por "supercondutividade", desafiou as teorias existentes e abriu um novo capítulo na física da matéria condensada.

1.2 Primeiras experiências e observações

A descoberta inicial da supercondutividade no mercúrio provocou uma onda de atividade e curiosidade na comunidade científica. A documentação meticulosa de Onnes das condições experimentais e dos resultados forneceu uma base sólida para investigações posteriores. Ele alargou as suas experiências a outros metais, incluindo o chumbo e o estanho, confirmando que a supercondutividade não era exclusiva do mercúrio.

Onnes observou várias propriedades intrigantes dos supercondutores. Por exemplo, a transição para o estado supercondutor ocorria a uma temperatura muito específica, conhecida como temperatura crítica (Tc). Abaixo desta temperatura, o material apresentava uma resistência eléctrica nula, permitindo que uma corrente eléctrica fluísse indefinidamente sem perda de energia. Este facto contrasta com o comportamento dos condutores normais, que apresentam sempre alguma resistência, levando à dissipação de energia sob a forma de calor.

Além disso, Onnes descobriu que a supercondutividade podia ser destruída pela aplicação de um forte campo magnético ou pela passagem de uma corrente suficientemente elevada através do material. Estas observações indicaram a complexa interação entre supercondutividade, campos magnéticos e correntes eléctricas, preparando o terreno para futuros trabalhos teóricos e experimentais.

1.3 O início da criogenia

A descoberta da supercondutividade esteve intimamente ligada aos avanços na criogenia, o estudo do comportamento dos materiais a temperaturas extremamente baixas. O sucesso de Onnes na liquefação do hélio foi um feito fundamental, permitindo o arrefecimento de materiais até às temperaturas críticas necessárias para a supercondutividade.

O desenvolvimento de técnicas criogénicas continuou a evoluir, com os cientistas a explorarem novos métodos para atingir e manter baixas temperaturas. Inovações como o processo Claude e o método Kapitza facilitaram a produção de hélio líquido e outros fluidos criogénicos, expandindo a gama de materiais e condições que podiam ser estudados.

A criogenia também abriu a porta a uma compreensão mais ampla da natureza mecânica quântica dos materiais. À medida que as temperaturas baixavam, a energia térmica das partículas diminuía, permitindo o predomínio dos efeitos quânticos. Esta mudança de comportamento proporcionou conhecimentos únicos sobre as propriedades fundamentais da matéria e abriu caminho para os avanços teóricos que acabariam por explicar a supercondutividade.

1.4 Supercondutividade noutros materiais

Após as descobertas iniciais de Onnes, investigadores de todo o mundo começaram a explorar a supercondutividade numa variedade de materiais. Este esforço global levou à identificação de numerosos supercondutores, cada um com a sua própria temperatura crítica e propriedades. Exemplos notáveis incluem o chumbo (Tc = 7,2 K), o nióbio (Tc = 9,3 K) e o nióbio-estanho (Tc = 18 K).

A procura de materiais com temperaturas críticas mais elevadas tornou-se um ponto central da investigação sobre supercondutividade. Os supercondutores de Tc mais elevada seriam mais fáceis de arrefecer e mais práticos para aplicações tecnológicas. Esta procura culminou na descoberta dos supercondutores de alta temperatura no final do século XX, uma descoberta que será explorada em maior pormenor nos capítulos seguintes.

1.5 Desafios teóricos e modelos iniciais

A descoberta da supercondutividade constituiu um desafio significativo para as teorias existentes sobre a condução eléctrica. Os modelos clássicos, como o modelo de Drude e a teoria dos electrões livres, não conseguiam explicar o desaparecimento súbito da resistência eléctrica. Esta lacuna na compreensão levou ao desenvolvimento de novos quadros teóricos.

As primeiras tentativas de explicar a supercondutividade incluíram o modelo de dois fluidos proposto por Fritz London e Heinz London na década de 1930. Este modelo introduziu o conceito de coexistência de electrões supercondutores e normais no interior de um supercondutor. Embora o modelo de dois fluidos tenha descrito com sucesso alguns aspectos da supercondutividade, acabou por ser incompleto.

A descoberta teórica ocorreu em 1957 com a formulação da teoria Bardeen-Cooper-Schrieffer (BCS). Esta teoria da mecânica quântica, desenvolvida por John Bardeen, Leon Cooper e Robert Schrieffer, forneceu uma explicação abrangente para a supercondutividade. A teoria BCS introduziu o conceito de pares de Cooper, em que os electrões formam pares e movem-se através da rede sem se dispersarem, resultando numa resistência nula.

1.6 Legado e impacto

A descoberta da supercondutividade por Heike Kamerlingh Onnes marcou um momento crucial na história da ciência. Não só revolucionou a nossa compreensão da condução eléctrica, como também abriu novos caminhos para a investigação em mecânica quântica, ciência dos materiais e criogenia. A abordagem meticulosa de Onnes à experimentação e a sua capacidade de ultrapassar os limites do que era tecnicamente possível continuam a inspirar os cientistas de hoje.

O legado da supercondutividade estende-se muito para além da sua descoberta inicial. Os supercondutores encontraram aplicações numa vasta gama de domínios, desde a imagiologia médica e aceleradores de partículas até à transmissão de energia e à computação quântica. Estas aplicações têm o potencial de transformar indústrias e melhorar a nossa qualidade de vida, fazendo da supercondutividade uma das áreas mais importantes e excitantes da investigação científica.

À medida que nos aprofundamos no fascinante mundo dos supercondutores, é essencial recordar o trabalho pioneiro de Heike Kamerlingh Onnes e dos primeiros investigadores que lançaram as bases deste domínio. A sua curiosidade, dedicação e engenho deram-nos as ferramentas para explorar a dança quântica da supercondutividade e desvendar os mistérios do universo.

Capítulo 2: Conceitos fundamentais da supercondutividade

2.1 Resistência eléctrica e condutividade

A resistência eléctrica é uma medida da oposição ao fluxo de corrente eléctrica através de um condutor. É uma propriedade fundamental dos materiais, regida pelas interacções entre os electrões e a estrutura atómica. Num condutor normal, como o cobre ou o alumínio, a resistência resulta de colisões entre electrões e átomos, que dispersam os electrões e dissipam energia sob a forma de calor.

A relação entre a tensão (V), a corrente (I) e a resistência (R) num condutor é descrita pela Lei de Ohm:

$$V = IR \quad V = IR \quad V = IR$$

em que V é a tensão que atravessa o condutor, I é a corrente que o atravessa e RRR é a resistência. Nos condutores típicos, a resistência aumenta com a temperatura porque a energia térmica mais elevada provoca colisões mais frequentes e mais energéticas entre os electrões e os átomos da rede.

A condutividade, o inverso da resistência, é uma medida da capacidade de um material para conduzir corrente eléctrica

em que σ\sigma$\sigma$ é a condutividade eléctrica e ρ\rho$\rho$ é a resistividade eléctrica do material. Os materiais com elevada condutividade, como os metais, permitem que a corrente flua facilmente, enquanto os isolantes, com baixa condutividade, resistem ao fluxo de corrente.

2.2 O efeito Meissner

Uma das características mais marcantes dos supercondutores é o efeito Meissner, descoberto por Walther Meissner e Robert Ochsenfeld em 1933. O efeito Meissner refere-se à expulsão de campos magnéticos do interior de um supercondutor quando este transita para o estado supercondutor. Este fenómeno é uma caraterística que define os supercondutores e os distingue dos condutores perfeitos.

Num condutor perfeito, os campos magnéticos podem penetrar no material, e o fluxo magnético existente é "congelado" no local quando o material se torna supercondutor. No entanto, num supercondutor, os campos magnéticos são totalmente expulsos da maior parte do material. Esta expulsão ocorre porque o supercondutor gera correntes de superfície que criam um campo magnético que se opõe e cancela o campo aplicado no interior do material.

Matematicamente, o efeito Meissner pode ser descrito pelas equações de London, formuladas pelos irmãos Fritz e Heinz London em 1935.

2.3 Supercondutores de tipo I e de tipo II

Os supercondutores podem ser classificados em duas categorias com base na sua reação a campos magnéticos: Supercondutores de tipo I e de tipo II.

Supercondutores de tipo I: Estes supercondutores exibem um efeito Meissner completo e têm um único campo magnético crítico. Abaixo deste campo crítico, o material encontra-se no estado supercondutor e expulsa todos os campos magnéticos. Quando o campo magnético aplicado é excedido, a supercondutividade é destruída e o material transita para o estado de condução normal. Exemplos de supercondutores de tipo I incluem metais puros como o mercúrio, o chumbo e o estanho.

Supercondutores de tipo II: Estes supercondutores exibem um comportamento mais complexo em resposta a campos magnéticos. Têm dois campos críticos: o campo crítico inferior Hc1 e o campo crítico superior Hc2. Abaixo de Hc1, o material exibe um efeito Meissner completo. Entre Hc1 e Hc2, o material entra num estado misto ou estado de vórtice, onde o fluxo magnético penetra no supercondutor sob a forma de vórtices quantizados rodeados por regiões supercondutoras. Acima de Hc2, a supercondutividade é completamente destruída. Os supercondutores de tipo II incluem muitas ligas e supercondutores de alta temperatura, como o nióbio-titânio (NbTi) e o óxido de cobre e bário de ítrio (YBCO).

2.4 Teoria BCS e pares de Cooper

A compreensão microscópica da supercondutividade foi revolucionada pela teoria de Bardeen-Cooper-Schrieffer (BCS), proposta por John Bardeen, Leon Cooper e Robert Schrieffer em 1957. A teoria BCS forneceu uma explicação abrangente para o fenómeno da supercondutividade, descrevendo-o como um estado quântico macroscópico resultante do emparelhamento de electrões em pares de Cooper.

De acordo com a teoria BCS, a supercondutividade ocorre quando os electrões próximos da superfície de Fermi formam pares através de uma interação atractiva mediada por vibrações da rede, conhecidas como fonões. Estes pares de electrões, ou pares de Cooper, têm momentos e spins opostos, resultando num spin líquido de zero. A formação de pares de Cooper cria um intervalo de energia na densidade eletrónica de estados, o que impede que os electrões se dispersem e dissipem energia.

O estado fundamental BCS é um estado quântico coerente caracterizado pela coerência de fase de longo alcance entre pares de Cooper. Esta coerência dá origem às propriedades únicas dos supercondutores, incluindo a resistência eléctrica nula e a expulsão de campos magnéticos. O intervalo de energia Δ na teoria BCS é dependente da temperatura e fecha-se à temperatura crítica Tc, onde a supercondutividade é destruída.

A teoria BCS também explica o efeito isótopo observado nos supercondutores, em que a temperatura crítica Tc depende da massa dos iões da rede. Este efeito surge porque a interação eletrão-fão, que medeia o emparelhamento Cooper, depende das frequências vibracionais dos iões da rede.

2.5 Teoria de Ginzburg-Landau

A teoria de Ginzburg-Landau (GL), desenvolvida por Vitaly Ginzburg e Lev Landau em 1950, fornece uma descrição fenomenológica da supercondutividade. É uma teoria macroscópica que descreve as variações espaciais do parâmetro de ordem supercondutor, que caracteriza a densidade de pares Cooper num supercondutor.

A teoria GL descreve com sucesso as propriedades macroscópicas dos supercondutores, incluindo a formação de vórtices nos supercondutores de Tipo II e o comportamento do parâmetro de ordem supercondutor próximo da temperatura crítica. Constitui uma ponte entre as teorias microscópicas, como a teoria BCS, e os fenómenos macroscópicos, como o efeito Meissner e a quantização do fluxo.

2.6 Aspectos da mecânica quântica

A supercondutividade é inerentemente um fenómeno de mecânica quântica, caracterizado pelo aparecimento de coerência quântica macroscópica. Esta coerência é evidente em vários aspectos fundamentais da supercondutividade:

Quantização do fluxo: Num anel ou laço supercondutor, o fluxo magnético que passa através do laço é quantizado em unidades de fluxo magnético.

Esta quantização deve-se ao facto de o parâmetro de ordem supercondutor ter de ter um valor único e ser contínuo à volta do circuito, o que conduz a valores discretos do fluxo magnético.

Efeito Josephson: O efeito Josephson, previsto por Brian Josephson em 1962, ocorre numa junção entre dois supercondutores separados por uma fina barreira isolante. A supercorrente através da junção é dada por:

$$I = I_c \sin(\delta)$$

em que I_c é a corrente crítica e δ é a diferença de fase entre os parâmetros de ordem supercondutora de cada lado da junção. O efeito Josephson tem aplicações importantes na eletrónica supercondutora e na computação quântica.

Reflexão de Andreev: Quando um metal normal está em contacto com um supercondutor, um eletrão incidente na interface pode ser refletido como um buraco, um processo conhecido como reflexão de Andreev. Este processo ocorre porque um eletrão do metal normal pode emparelhar com outro eletrão para formar um par de Cooper no supercondutor, levando à reflexão de um buraco.

2.7 Resumo

Os conceitos fundamentais da supercondutividade fornecem uma imagem rica e intrincada deste fenómeno notável. Desde a completa ausência de resistência eléctrica até à expulsão de campos magnéticos, os supercondutores desafiam a nossa compreensão clássica dos materiais e revelam as profundas implicações da mecânica quântica.

A descoberta do efeito Meissner e a classificação dos supercondutores de Tipo I e de Tipo II realçaram os diversos comportamentos dos materiais supercondutores. A teoria BCS forneceu uma explicação microscópica para a supercondutividade, introduzindo o conceito de pares de Cooper e o intervalo de energia. A teoria de Ginzburg-Landau ofereceu um quadro macroscópico para compreender as variações espaciais do parâmetro de ordem supercondutor.

A natureza mecânica quântica da supercondutividade é evidente em fenómenos como a quantização do fluxo, o efeito Josephson e a reflexão de Andreev. Estes efeitos quânticos não só aprofundam a nossa compreensão dos supercondutores, como também abrem caminho a tecnologias inovadoras que aproveitam as propriedades únicas destes materiais.

À medida que continuamos a explorar o fascinante mundo da supercondutividade, os conceitos fundamentais discutidos neste capítulo servirão de base para a compreensão dos tópicos avançados e das aplicações que se seguem.

Capítulo 3: Fundamentos teóricos

3.1 Teorias clássicas da condutividade

Antes do advento da mecânica quântica, as primeiras tentativas de compreender a condutividade eléctrica baseavam-se em teorias clássicas. A mais notável entre elas foi o modelo de Drude, desenvolvido por Paul Drude em 1900. O modelo de Drude tratava os electrões de um metal como um gás clássico de partículas carregadas que se moviam através de uma rede estacionária de iões positivos.

No modelo de Drude, a resistência eléctrica resulta de colisões entre os electrões e os iões na rede. Embora o modelo de Drude pudesse explicar alguns aspectos da condutividade eléctrica, não conseguia explicar fenómenos como a dependência da resistividade em relação à temperatura e o calor específico dos electrões.

3.2 Teorias da Mecânica Quântica

O desenvolvimento da mecânica quântica no início do século XX revolucionou a nossa compreensão da condutividade eléctrica. A teoria quântica dos sólidos, particularmente a estatística de Fermi-Dirac e o conceito de bandas de energia, forneceu uma descrição mais precisa do comportamento dos electrões nos metais.

Estatística de Fermi-Dirac: Os electrões de um metal obedecem às estatísticas de Fermi-Dirac, que descrevem a distribuição dos electrões entre estados de energia a uma dada temperatura. A probabilidade de um estado de energia E ser ocupado por um eletrão é dada pela função de distribuição de Fermi-Dirac:

$$f(E) = \frac{1}{e^{(E - E_F) / k_B T} + 1}$$

em que E_F é a energia de Fermi, k_B é a constante de Boltzmann e T é a temperatura. No zero absoluto, todos os estados de energia abaixo da energia de Fermi estão ocupados, enquanto os estados acima estão vazios.

Bandas de energia: No modelo da mecânica quântica, os electrões num sólido ocupam bandas de energia em vez de níveis de energia discretos. As bandas de energia permitidas resultam da sobreposição de orbitais atómicas na rede cristalina. A banda de condução é a gama de energias em que os electrões podem mover-se livremente e contribuir para a condução eléctrica, enquanto a banda de valência é a gama de energias em que os electrões estão ligados aos átomos.

A estrutura de bandas de um material determina as suas propriedades eléctricas. Os metais têm bandas de condução parcialmente preenchidas, permitindo que os electrões se movam e conduzam eletricidade. Os isoladores têm um grande intervalo de energia entre a banda de valência e a banda de condução, impedindo o movimento dos electrões. Os semicondutores têm um intervalo de energia mais pequeno, permitindo uma condutividade controlada.

3.3 A teoria BCS

A teoria de Bardeen-Cooper-Schrieffer (BCS), proposta em 1957, forneceu a primeira explicação microscópica abrangente para a supercondutividade. A teoria BCS baseia-se no conceito de pares de Cooper e na formação de um estado quântico macroscópico.

Pares de Cooper: De acordo com a teoria BCS, os electrões num supercondutor formam pares conhecidos como pares de Cooper. Estes pares são unidos por uma interação atractiva mediada por fonões, que são vibrações quantizadas da rede. O mecanismo de emparelhamento pode ser entendido da seguinte forma: um eletrão que se move através da rede distorce os iões da rede, criando uma região de carga positiva que atrai um segundo eletrão. Apesar da repulsão mútua de Coulomb, o efeito líquido é uma interação atractiva que liga os electrões em pares de Cooper.

Hiato de energia: A formação de pares de Cooper conduz a um hiato de energia $\Delta\backslash Delta\Delta$ na densidade eletrónica de estados na superfície de Fermi. Este intervalo de energia é uma caraterística fundamental da supercondutividade, uma vez que impede que os electrões se dispersem e dissipem energia. A teoria BCS prevê que o intervalo de energia depende da temperatura e se fecha à temperatura crítica Tc.

Estado fundamental BCS: O estado fundamental de um supercondutor, de acordo com a teoria BCS, é um estado quântico coerente com coerência de fase de longo alcance entre pares de Cooper. Esta coerência dá origem às propriedades únicas dos supercondutores, incluindo a resistência eléctrica nula e o efeito Meissner.

A teoria BCS explica com sucesso muitas observações experimentais, incluindo o efeito isótopo, em que a temperatura crítica Tc depende da massa dos iões da rede. Esta dependência surge porque a interação eletrão-fão, que medeia o emparelhamento Cooper, é influenciada pelas frequências vibracionais dos iões da rede.

3.4 Teoria de Ginzburg-Landau

A teoria de Ginzburg-Landau (GL), desenvolvida por Vitaly Ginzburg e Lev Landau em 1950, fornece uma descrição fenomenológica macroscópica da supercondutividade. A teoria GL introduz um parâmetro de ordem complexo $\psi(r)$, onde a magnitude $|\psi(r)|^2$ representa a densidade de pares de Cooper, e a fase $\theta(r)$ descreve a fase mecânica quântica do estado supercondutor.

Equações GL: Ao minimizar o funcional de energia livre, as equações GL descrevem o comportamento do parâmetro de ordem supercondutor e os campos electromagnéticos num supercondutor:

A teoria GL descreve com sucesso as propriedades macroscópicas dos supercondutores, incluindo a formação de vórtices nos supercondutores de Tipo II e o comportamento do parâmetro de ordem supercondutor próximo da temperatura crítica. Constitui uma ponte entre as teorias microscópicas, como a teoria BCS, e os fenómenos macroscópicos, como o efeito Meissner e a quantização do fluxo.

3.5 As equações de Londres

As equações de London, formuladas por Fritz e Heinz London em 1935, fornecem uma descrição fenomenológica das propriedades electromagnéticas dos supercondutores. As equações de London descrevem a forma como as correntes supercondutoras respondem a campos eléctricos e magnéticos, levando à expulsão de campos magnéticos do interior do supercondutor.

Primeira equação de London: A primeira equação de London relaciona a densidade de corrente supercondutora J

Segunda equação de London: A segunda equação de London relaciona a densidade de corrente supercondutora com o campo magnético B

Esta equação descreve o efeito Meissner, em que o campo magnético é expulso do interior de um supercondutor. A profundidade de penetração de London, que caracteriza a distância ao longo da qual o campo magnético decai no interior do supercondutor.

As equações de London fornecem um quadro simples mas poderoso para compreender as propriedades electromagnéticas dos supercondutores e o efeito Meissner.

3.6 O efeito Josephson

O efeito Josephson, previsto por Brian Josephson em 1962, é um fenómeno de mecânica quântica que ocorre numa junção entre dois supercondutores separados por uma fina barreira isolante. O efeito Josephson tem duas manifestações principais: o efeito Josephson DC e o efeito Josephson AC.

Efeito Josephson DC: No efeito Josephson DC, uma supercorrente flui através da junção sem qualquer tensão aplicada, impulsionada apenas pela diferença de fase δ entre os parâmetros de ordem supercondutores em ambos os lados da junção.

Este efeito demonstra a coerência quântica macroscópica do estado supercondutor.

Efeito Josephson AC: No efeito Josephson AC, uma tensão aplicada V através da junção induz uma supercorrente oscilante com uma frequência f dada por:

$$f = \frac{2eV}{h}$$

em que h é a constante de Planck. Este efeito resulta da diferença de fase dependente do tempo induzida pela tensão aplicada e tem aplicações importantes em medições de precisão e tecnologias quânticas.

O efeito Josephson constitui a base dos dispositivos supercondutores de interferência quântica (SQUID), que são magnetómetros altamente sensíveis utilizados em várias aplicações científicas e tecnológicas.

3.7 Aplicações dos fundamentos teóricos

Os fundamentos teóricos da supercondutividade conduziram a numerosas aplicações práticas e avanços tecnológicos. Algumas aplicações notáveis incluem:

Imagiologia por Ressonância Magnética (MRI): Os ímanes supercondutores são utilizados em máquinas de MRI para gerar campos magnéticos fortes e estáveis, permitindo a obtenção de imagens de alta resolução do corpo humano.

Aceleradores de partículas: Os ímanes supercondutores são utilizados em aceleradores de partículas para guiar e focar feixes de partículas de alta energia, permitindo investigação de ponta em física de partículas.

Computação quântica: Os qubits supercondutores, baseados no efeito Josephson, são uma plataforma líder para a construção de computadores quânticos, que têm o potencial de revolucionar a computação, resolvendo problemas complexos de forma mais eficiente do que os computadores clássicos.

Armazenamento de energia: Os sistemas de armazenamento de energia magnética supercondutora (SMES) armazenam energia no campo magnético gerado por uma bobina supercondutora, proporcionando uma resposta rápida e uma elevada eficiência para a estabilização da rede eléctrica.

Cabos de energia: Os cabos de energia supercondutores podem transmitir eletricidade com perdas mínimas, oferecendo uma solução para a crescente procura de uma transmissão de energia eficiente e fiável nas redes eléctricas.

3.8 Resumo

Os fundamentos teóricos da supercondutividade, desde as teorias clássicas até às modernas descrições da mecânica quântica, proporcionaram uma compreensão profunda deste fenómeno notável. O modelo de Drude e as teorias quânticas da condutividade lançaram as bases para a compreensão do comportamento dos electrões nos metais, enquanto a teoria BCS, a teoria de Ginzburg-Landau e as equações de London elucidaram as propriedades microscópicas e macroscópicas dos supercondutores. O efeito Josephson realçou a natureza mecânica quântica da supercondutividade e abriu caminho a tecnologias inovadoras como os SQUID e os qubits supercondutores. As aplicações da supercondutividade, que vão desde a imagiologia médica à computação quântica, demonstram o profundo impacto dos avanços teóricos nas tecnologias práticas. À medida que continuamos a explorar os aspectos teóricos e experimentais da supercondutividade, estas teorias fundamentais continuarão a ser cruciais para o desenvolvimento de novos materiais, a descoberta de novos fenómenos e o aproveitamento das propriedades únicas dos supercondutores para futuras inovações tecnológicas.

Capítulo 4: Métodos Experimentais e Materiais em Supercondutividade

4.1 Panorama histórico da descoberta dos supercondutores

O caminho para a descoberta da supercondutividade começou com o trabalho do físico holandês Heike Kamerlingh Onnes em 1911. Enquanto estudava a resistência eléctrica do mercúrio a temperaturas muito baixas, Onnes observou que, a cerca de 4,2 K, a resistência do mercúrio caía subitamente para um valor incomensuravelmente pequeno. Esta descoberta marcou o nascimento da supercondutividade, um fenómeno em que os materiais apresentam uma resistência eléctrica nula e expulsam campos magnéticos (efeito Meissner) abaixo de uma determinada temperatura crítica TcT_cTc.

Após a descoberta pioneira de Onnes, foram identificados outros supercondutores elementares, incluindo o chumbo (Pb), o estanho (Sn) e o alumínio (Al). A investigação continuou ao longo das décadas, com avanços significativos nos anos 50 e 60, como o desenvolvimento da teoria BCS e a descoberta dos supercondutores de Tipo II. A descoberta dos supercondutores de alta temperatura em 1986 por Bednorz e Müller, que encontraram a supercondutividade num material de óxido de cobre a 35 K, revolucionou o campo e abriu novas possibilidades para aplicações práticas.

4.2 Técnicas experimentais a baixa temperatura

O estudo dos supercondutores exige um controlo preciso e a medição de temperaturas extremamente baixas. Foram desenvolvidas várias técnicas experimentais para atingir e manter estas condições.

Criogenia: O campo da criogenia envolve a produção e aplicação de temperaturas muito baixas. O hélio líquido (He) e o nitrogénio líquido (N_2) são criogénios normalmente utilizados. O hélio líquido, com um ponto de ebulição de 4,2 K, é essencial para arrefecer materiais abaixo das suas temperaturas de transição supercondutoras. Os crióstatos, que são contentores isolados, são utilizados para albergar experiências e manter baixas temperaturas.

Frigoríficos de diluição: Para experiências que requerem temperaturas inferiores a 1 K, são utilizados frigoríficos de diluição. Estes dispositivos utilizam uma mistura de hélio-3 e hélio-4 para atingir temperaturas tão baixas como 10 milikelvin (mK). Os frigoríficos de diluição são cruciais para o estudo das propriedades fundamentais dos supercondutores e de outros materiais quânticos.

Magnetómetros: Os magnetómetros são utilizados para medir as propriedades magnéticas dos supercondutores. Os dispositivos supercondutores de interferência quântica (SQUIDs) são magnetómetros altamente sensíveis, capazes de detetar campos magnéticos extremamente pequenos, o que os torna inestimáveis para o estudo do efeito Meissner e de outros fenómenos magnéticos nos supercondutores.

4.3 Síntese e caraterização de materiais supercondutores

A descoberta e o desenvolvimento de novos materiais supercondutores envolvem técnicas sofisticadas de síntese e caraterização.

Reacções de estado sólido: Muitos materiais supercondutores são sintetizados através de reacções de estado sólido. Isso envolve a mistura de pós precursores, pressionando-os em pelotas e aquecendo-os em altas temperaturas para induzir reações químicas. Os materiais resultantes são frequentemente caracterizados usando difração de raios X (XRD) para determinar a sua estrutura cristalina e confirmar a pureza da fase.

Deposição de películas finas: As películas finas de materiais supercondutores são utilizadas em várias aplicações, incluindo eletrónica supercondutora e dispositivos quânticos. Técnicas como a epitaxia por feixe molecular (MBE), a deposição por laser pulsado (PLD) e a pulverização catódica são utilizadas para depositar películas finas supercondutoras de alta qualidade em substratos adequados. Técnicas de caraterização como a microscopia de força atómica (AFM) e a microscopia de túnel de varrimento (STM) são utilizadas para estudar a morfologia da superfície e as propriedades electrónicas destas películas.

Síntese a alta pressão: As técnicas de síntese a alta pressão são utilizadas para descobrir novos materiais supercondutores e explorar os seus diagramas de fase. Células de bigorna de diamante (DACs) e prensas de grande volume são usadas para aplicar pressões extremas aos materiais, potencialmente estabilizando novas fases supercondutoras. As experiências de alta pressão requerem frequentemente medições in-situ utilizando a difração de raios X de sincrotrão e outras técnicas para estudar as propriedades dos materiais sob pressão.

Técnicas de caraterização: São utilizadas várias técnicas de caraterização para estudar as propriedades dos materiais supercondutores. Estas incluem:

- **Difração de raios X (XRD):** Determina a estrutura cristalina e a pureza de fase dos materiais.

- **Microscopia eletrónica de varrimento (SEM):** Fornece imagens de alta resolução da superfície do material.

- **Microscopia Eletrónica de Transmissão (TEM):** Oferece informações detalhadas sobre a microestrutura e os defeitos dos materiais.

- **Medições de resistividade eléctrica:** Utilizadas para determinar a temperatura de transição supercondutora e estudar a dependência da resistência em relação à temperatura.

- **Medições de suscetibilidade magnética:** Utilizadas para medir a resposta magnética dos supercondutores e determinar os seus campos críticos.

4.4 Supercondutores de alta temperatura

A descoberta dos supercondutores de alta temperatura (HTS) na década de 1980 constituiu um marco significativo na investigação sobre supercondutividade. Estes materiais exibem supercondutividade a temperaturas muito mais elevadas do que os supercondutores convencionais, com algumas temperaturas críticas superiores a 100 K.

Supercondutores de cupratos: Os cupratos são os supercondutores de alta temperatura mais conhecidos. São materiais em camadas que consistem em planos de óxido de cobre separados por camadas isolantes. As propriedades supercondutoras dos cupratos são altamente sensíveis à dopagem, que envolve a adição ou remoção de electrões dos planos de óxido de cobre. O óxido de cobre de ítrio e bário (YBCO) e o óxido de cobre de bismuto e estrôncio e cálcio (BSCCO) são exemplos proeminentes de supercondutores de cupratos.

Supercondutores à base de ferro: Descobertos em 2008, os supercondutores à base de ferro são uma classe de materiais que apresentam supercondutividade a alta temperatura. São constituídos por camadas de ferro e um pnictogénio (como o arsénio) ou um calcogénio (como o selénio ou o telúrio). Estes materiais têm atraído uma atenção significativa devido aos seus elevados valores de TcT_cTc e ao seu potencial para aplicações práticas. Os exemplos incluem compostos de arsenieto de ferro (FeAs) e seleneto de ferro (FeSe).

Outros supercondutores de alta temperatura: A investigação continua a descobrir novos supercondutores de alta temperatura. Materiais como o sulfureto de hidrogénio (H_2S) sob alta pressão exibiram supercondutividade a temperaturas tão elevadas como 203 K. A exploração de compostos ricos em hidrogénio e outros materiais novos é promissora para a descoberta de supercondutores com temperaturas críticas ainda mais elevadas.

4.5 Aplicações dos supercondutores

As propriedades únicas dos supercondutores conduziram a uma vasta gama de aplicações em vários domínios.

Imagiologia por Ressonância Magnética (MRI): Os ímanes supercondutores são utilizados em máquinas de MRI para gerar campos magnéticos fortes e estáveis, permitindo a obtenção de imagens de alta resolução do corpo humano. A elevada intensidade do campo e a estabilidade proporcionadas pelos ímanes supercondutores melhoram a qualidade da imagem e as capacidades de diagnóstico.

Aceleradores de partículas: Os ímanes supercondutores são utilizados em aceleradores de partículas para guiar e concentrar feixes de partículas de alta energia. Estes ímanes são essenciais para alcançar as elevadas forças de campo necessárias em instalações como o Grande Colisor de Hádrons (LHC), permitindo investigação de ponta em física de partículas.

Transmissão de energia: Os cabos de energia supercondutores oferecem o potencial para uma transmissão de energia altamente eficiente com perdas mínimas. Estes cabos podem transportar grandes correntes a longas distâncias, tornando-os ideais para redes eléctricas e integração de energias renováveis.

Computação quântica: Os qubits supercondutores, baseados no efeito Josephson, são uma plataforma líder para a construção de computadores quânticos. Estes qubits podem efetuar operações quânticas com elevada fidelidade, abrindo caminho para o desenvolvimento de poderosos processadores quânticos capazes de resolver problemas complexos fora do alcance dos computadores clássicos.

Levitação magnética: Os supercondutores são utilizados em sistemas de levitação magnética (maglev) para comboios de alta velocidade. As forças repulsivas geradas pelos ímanes supercondutores permitem que os comboios flutuem sobre os carris, eliminando a fricção e permitindo um transporte suave, rápido e eficiente.

Armazenamento de energia: Os sistemas de armazenamento de energia magnética supercondutora (SMES) armazenam energia no campo magnético gerado por uma bobina supercondutora. Estes sistemas oferecem uma resposta rápida e uma elevada eficiência, o que os torna adequados para estabilizar as redes eléctricas e fornecer energia de reserva durante as falhas.

4.6 Desafios e direcções futuras

Apesar dos progressos notáveis na investigação sobre supercondutividade, continuam a existir vários desafios na realização de todo o potencial dos materiais supercondutores.

Desafios dos materiais: O desenvolvimento de novos materiais supercondutores com temperaturas críticas mais elevadas e melhor desempenho em condições práticas é um desafio permanente. A compreensão dos mecanismos da supercondutividade a alta temperatura e a identificação de novos materiais com propriedades desejáveis requerem técnicas inovadoras de síntese e caraterização.

Custo e escalabilidade: O elevado custo de produção e manutenção de materiais supercondutores, especialmente os que requerem arrefecimento criogénico, constitui um obstáculo significativo à sua adoção generalizada. O desenvolvimento de métodos de síntese económicos e a exploração de técnicas de arrefecimento alternativas são essenciais para aumentar a escala das tecnologias de supercondutores.

Integração e fiabilidade: A integração de componentes supercondutores nas tecnologias existentes e a garantia da sua fiabilidade e estabilidade a longo prazo são fundamentais para as aplicações práticas. Os esforços de investigação concentram-se em melhorar a durabilidade, o desempenho e a compatibilidade dos materiais supercondutores com os sistemas convencionais.

Compreensão teórica: Embora a teoria BCS forneça um quadro robusto para a compreensão dos supercondutores convencionais, os mecanismos da supercondutividade a alta temperatura continuam a ser uma área de investigação ativa. O desenvolvimento de uma compreensão teórica abrangente dos supercondutores de alta temperatura e de outros materiais supercondutores exóticos é crucial para orientar futuras descobertas e inovações.

Aplicações emergentes: As propriedades únicas dos supercondutores continuam a inspirar novas aplicações em domínios como a imagiologia médica, as tecnologias quânticas, o armazenamento de energia e os transportes. A exploração de novas aplicações e o desenvolvimento de novos dispositivos supercondutores impulsionarão a próxima vaga de avanços tecnológicos.

4.7 Resumo

Os métodos experimentais e os materiais na investigação da supercondutividade evoluíram significativamente desde a descoberta do fenómeno há mais de um século. Os avanços nas técnicas criogénicas, nos métodos de síntese e nas ferramentas de caraterização permitiram a descoberta e o desenvolvimento de uma vasta gama de materiais supercondutores, desde supercondutores elementares a baixa temperatura até cupratos a alta temperatura e compostos à base de ferro.

As aplicações práticas dos supercondutores, incluindo a ressonância magnética, os aceleradores de partículas, a transmissão de energia, a computação quântica, a levitação magnética e o armazenamento de energia, demonstram o profundo impacto da supercondutividade na tecnologia moderna. Apesar dos desafios, os esforços de investigação em curso continuam a alargar os limites da nossa compreensão e capacidades, abrindo caminho para futuras inovações e descobertas no fascinante mundo da supercondutividade.

Capítulo 5: Aplicações e tecnologias da supercondutividade

5.1 Introdução

A supercondutividade, com as suas propriedades notáveis de resistência eléctrica nula e expulsão de campos magnéticos, permitiu uma vasta gama de aplicações tecnológicas. Este capítulo analisa os vários domínios em que os supercondutores tiveram um impacto significativo, desde a imagiologia médica e a transmissão de energia até à computação quântica e muito mais. Iremos explorar tanto as aplicações actuais como as tecnologias emergentes que aproveitam as capacidades únicas dos materiais supercondutores.

5.2 Aplicações médicas

Uma das aplicações mais conhecidas e com maior impacto dos supercondutores é no domínio da imagiologia médica, em particular da ressonância magnética (MRI).

5.2.1 Imagiologia por Ressonância Magnética (MRI):

- **Ímanes supercondutores:** O núcleo de uma máquina de RMN é um íman supercondutor, que cria um campo magnético forte, estável e uniforme, necessário para a obtenção de imagens de alta resolução do corpo humano. Os ímanes supercondutores são preferidos aos ímanes convencionais devido à sua capacidade de produzir forças de campo magnético mais elevadas com maior estabilidade e menor consumo de energia.

- **Vantagens:** A utilização de ímanes supercondutores na ressonância magnética proporciona uma qualidade de imagem superior, permitindo uma visualização detalhada dos tecidos moles, o que é crucial para o diagnóstico de uma vasta gama de problemas de saúde. A elevada intensidade de campo também reduz os tempos de exame, melhorando o conforto do paciente e o rendimento das instalações médicas.

5.2.2 Magnetoencefalografia (MEG):

- **Sensores SQUID:** Os dispositivos de interferência quântica supercondutores (SQUID) são utilizados na MEG para detetar os campos magnéticos extremamente fracos produzidos pela atividade neural no cérebro. Esta técnica não invasiva permite um mapeamento de alta resolução temporal da função cerebral, ajudando no diagnóstico e na investigação de doenças neurológicas.

5.3 Aplicações energéticas

Os supercondutores oferecem um potencial transformador no sector da energia, particularmente na produção, transmissão e armazenamento de energia.

5.3.1 Cabos eléctricos supercondutores:

- **Transmissão eficiente:** Os cabos de energia supercondutores podem transmitir grandes quantidades de energia eléctrica com perdas mínimas em comparação com os cabos convencionais de cobre ou alumínio. Esta eficiência é crucial para as redes eléctricas modernas, que estão sob crescente pressão da procura devido ao crescimento das fontes de energia renováveis e à necessidade de uma transmissão de energia fiável e de longa distância.

- **Compacto e de alta capacidade:** Os cabos supercondutores podem transportar densidades de corrente muito mais elevadas do que os cabos tradicionais, permitindo designs mais compactos e instalações de maior capacidade em ambientes urbanos onde o espaço é limitado.

5.3.2 Armazenamento de energia magnética por supercondutores (SMES):

- **Armazenamento de energia e estabilidade:** Os sistemas SMES armazenam energia no campo magnético criado por uma corrente circulante numa bobina supercondutora. Proporcionam tempos de resposta rápidos e elevada eficiência, tornando-os ideais para aplicações de estabilização da rede, nivelamento de carga e energia de reserva.

- **Vantagens em relação aos sistemas convencionais:** Ao contrário das baterias químicas, os sistemas SMES não se degradam com o tempo e podem descarregar e recarregar quase instantaneamente, oferecendo uma solução robusta para manter a fiabilidade da rede.

5.4 Aplicações de transporte

A supercondutividade revolucionou a tecnologia dos transportes, nomeadamente através do desenvolvimento de comboios de levitação magnética (maglev).

5.4.1 Comboios Maglev:

- **Princípio de funcionamento:** Os comboios Maglev utilizam ímanes supercondutores para criar poderosos campos magnéticos que levitam e impulsionam o comboio ao longo da via. Isto elimina a fricção entre o comboio e os carris, permitindo velocidades extremamente elevadas e viagens suaves.

- **Vantagens:** Os comboios Maglev oferecem inúmeras vantagens, incluindo custos de manutenção reduzidos devido à ausência de contacto físico com as vias, velocidades mais elevadas (superiores a 600 km/h) e menor poluição sonora em comparação com os sistemas ferroviários convencionais.

5.4.2 Perspectivas futuras:

- **Sistemas Hyperloop:** O conceito do Hyperloop, um sistema de transporte de alta velocidade que utiliza cápsulas que viajam em tubos de baixa pressão, incorpora frequentemente a tecnologia maglev supercondutora para conseguir viagens rápidas e eficientes em longas distâncias.

5.5 Computação quântica

Os supercondutores desempenham um papel fundamental no desenvolvimento da computação quântica, uma área da tecnologia com potencial para revolucionar a computação, resolvendo problemas intratáveis para os computadores clássicos.

5.5.1 Qubits supercondutores:

- **Junções Josephson:** Os qubits supercondutores baseiam-se normalmente em junções Josephson, que podem apresentar uma superposição quântica coerente e emaranhamento. Estas propriedades são essenciais para as operações de computação quântica.

- **Tempos de coerência elevados:** Os qubits supercondutores têm tempos de coerência relativamente longos, que são cruciais para a execução de algoritmos quânticos complexos sem decoerência.

5.5.2 Processamento quântico:

- **Portas e circuitos quânticos:** Os circuitos supercondutores podem implementar portas quânticas, os blocos de construção dos algoritmos quânticos. Estes circuitos funcionam a temperaturas criogénicas para manter a supercondutividade e minimizar o ruído térmico.

- **Escalabilidade:** Os avanços na conceção e fabrico de qubits supercondutores conduziram a melhorias significativas na fidelidade e escalabilidade dos qubits, aproximando-nos da realização de computadores quânticos práticos.

5.6 Investigação científica e instrumentos experimentais

Os supercondutores tornaram-se indispensáveis em várias aplicações de investigação científica, fornecendo ferramentas de elevado desempenho para sondar as propriedades fundamentais da matéria.

5.6.1 Aceleradores de partículas:

- **Cavidades supercondutoras:** As cavidades supercondutoras de radiofrequência (SRF) são utilizadas em aceleradores de partículas para acelerar partículas carregadas a altas energias com elevada eficiência. A baixa perda de energia nas cavidades SRF permite trajectórias de aceleração mais longas e energias finais de partículas mais elevadas.

- **Aplicações:** Os aceleradores de partículas equipados com componentes supercondutores são utilizados na investigação em física fundamental, como por exemplo, na investigação das propriedades das partículas subatómicas e na exploração das origens do universo.

5.6.2 Espectroscopia de ressonância magnética nuclear (RMN):

- **Espectroscopia de alta resolução:** Os ímanes supercondutores são utilizados na espetroscopia de RMN para gerar campos magnéticos fortes e estáveis, que são essenciais para a análise de alta resolução das estruturas e dinâmicas moleculares em química e biologia.

- **Aplicações:** A espetroscopia de RMN é utilizada na descoberta de medicamentos, na ciência dos materiais e na investigação bioquímica, fornecendo informações detalhadas sobre interacções e conformações moleculares.

5.7 Aplicações emergentes e futuras

A investigação em curso sobre supercondutividade continua a revelar novas aplicações e possibilidades.

5.7.1 Detectores de supercondutores:

- **Detectores de fotão único:** Os detectores de fotão único de nanofios supercondutores (SNSPD) são detectores altamente sensíveis utilizados na comunicação quântica, na astronomia e na microscopia. Oferecem uma sensibilidade e uma resolução temporal sem paralelo, permitindo novas experiências e tecnologias.

- **Deteção de matéria negra:** Os detectores supercondutores estão também a ser utilizados em experiências destinadas a detetar a matéria negra, proporcionando a sensibilidade necessária para procurar partículas maciças de interação fraca (WIMPs).

5.7.2 Spintrónica supercondutora:

- **Dispositivos híbridos:** A combinação de supercondutores com materiais magnéticos conduziu ao domínio emergente da spintrónica supercondutora. Estes dispositivos híbridos podem potencialmente oferecer novas funcionalidades para o processamento e armazenamento de informação, tirando partido das propriedades únicas dos supercondutores e dos materiais magnéticos.

- **Memória quântica:** Os dispositivos spintrónicos supercondutores poderão ser utilizados para desenvolver elementos de memória quântica, que são cruciais para a construção de computadores quânticos escaláveis.

5.7.3 Aplicações espaciais:

- **Tecnologia de satélites:** Os materiais supercondutores estão a ser explorados para utilização na tecnologia de satélites, onde o seu baixo consumo de energia e a sua elevada sensibilidade podem melhorar as capacidades de comunicação e de observação.

- **Escudos contra radiações:** Os supercondutores podem também ser utilizados para desenvolver escudos de radiação leves e eficientes para proteger os astronautas em missões no espaço profundo.

5.8 Desafios e orientações futuras

Embora as aplicações da supercondutividade sejam vastas e promissoras, é necessário enfrentar vários desafios para concretizar plenamente o seu potencial.

5.8.1 Requisitos de arrefecimento:

- **Criogenia:** A maioria das aplicações de supercondutores requerem arrefecimento a temperaturas muito baixas, normalmente utilizando hélio líquido ou criogeradores avançados. O desenvolvimento de tecnologias de arrefecimento mais eficientes e económicas é essencial para uma adoção generalizada.

- **Supercondutores de alta temperatura:** Está em curso investigação para descobrir e desenvolver novos supercondutores de alta temperatura que possam funcionar a temperaturas mais elevadas, reduzindo a dependência de sistemas criogénicos dispendiosos e complexos.

5.8.2 Desafios materiais:

- **Fabrico e escalabilidade:** A produção de materiais supercondutores de alta qualidade em grandes quantidades e com propriedades consistentes continua a ser um desafio. Os avanços na síntese, processamento e caraterização de materiais são cruciais para aumentar a escala das aplicações.

- **Durabilidade e estabilidade:** Garantir a estabilidade e a durabilidade a longo prazo dos materiais supercondutores em condições operacionais é essencial para as aplicações práticas.

5.8.3 Integração e interface:

- **Integração de sistemas:** A integração de componentes supercondutores com tecnologias e sistemas existentes requer uma cuidadosa consideração das interfaces e da compatibilidade. O desenvolvimento de métodos robustos para a integração de supercondutores com a eletrónica convencional, sistemas de energia e infra-estruturas é uma área-chave de enfoque.

- **Investigação interdisciplinar:** O desenvolvimento de aplicações supercondutoras requer frequentemente uma colaboração interdisciplinar, combinando conhecimentos especializados em ciência dos materiais, física, engenharia e outros domínios. A promoção da investigação interdisciplinar e o fomento de colaborações entre o meio académico, a indústria e as agências governamentais são essenciais para impulsionar a inovação.

5.9 Resumo

A supercondutividade tem permitido uma vasta gama de aplicações em vários domínios, desde a imagiologia médica e a transmissão de energia até à computação quântica e à investigação científica. As propriedades únicas dos supercondutores, incluindo a resistência eléctrica nula e a expulsão de campos magnéticos, conduziram ao desenvolvimento de tecnologias avançadas que outrora se julgavam impossíveis.

A investigação e o desenvolvimento em curso no domínio da supercondutividade continuam a alargar as fronteiras do possível, revelando novas aplicações e melhorando as tecnologias existentes. Embora subsistam desafios, o potencial dos supercondutores para revolucionar a tecnologia e a sociedade é imenso.

À medida que olhamos para o futuro, a exploração contínua de materiais supercondutores, as tecnologias de arrefecimento melhoradas e as aplicações inovadoras irão impulsionar a próxima vaga de avanços neste campo fascinante. O percurso da supercondutividade, desde a sua descoberta há mais de um século até às suas aplicações actuais e futuras, exemplifica o poder da investigação científica e da inovação tecnológica na transformação do nosso mundo.

Capítulo 6: Tendências futuras e inovações no domínio da supercondutividade

6.1 Introdução

O campo da supercondutividade, com as suas profundas implicações para a ciência e tecnologia, continua a evoluir e a expandir-se. À medida que ultrapassamos os limites da nossa compreensão e capacidades, estão a surgir novas tendências e inovações que prometem moldar o futuro da supercondutividade. Este capítulo explora os últimos avanços, as potenciais direcções futuras e o impacto transformador que estes desenvolvimentos podem ter em várias indústrias e aplicações.

6.2 Avanços nos supercondutores de alta temperatura

Uma das áreas mais interessantes da investigação em supercondutividade é a procura de supercondutores de alta temperatura (HTS) que possam funcionar à temperatura ambiente ou perto dela.

6.2.1 Supercondutores de temperatura ambiente:

- **Descobertas e Perspectivas:** Descobertas recentes, como a supercondutividade do sulfureto de hidrogénio sob alta pressão, que exibe supercondutividade a 203 K, alimentaram o otimismo quanto à descoberta de materiais que possam superconduzir a temperaturas ainda mais elevadas. O objetivo final é descobrir materiais que possam superconduzir em condições ambientes, eliminando a necessidade de sistemas de arrefecimento complexos e dispendiosos.

- **Hidretos e novos compostos:** Os investigadores estão a explorar vários compostos ricos em hidrogénio (hidretos) e outros materiais novos que podem apresentar supercondutividade a alta temperatura. Os avanços na ciência computacional de materiais, combinados com técnicas de síntese de alta pressão, estão a acelerar a descoberta destes materiais.

6.2.2 Mecanismos da supercondutividade a alta temperatura:

- **Compreender os mecanismos:** Embora a teoria BCS forneça uma explicação sólida para os supercondutores convencionais, os mecanismos subjacentes à supercondutividade a alta temperatura, particularmente nos cupratos e nos supercondutores à base de ferro, continuam a ser uma área de investigação ativa. Desvendar estes mecanismos é crucial para orientar a descoberta de novos materiais HTS.

- **Abordagens interdisciplinares:** Combinando conhecimentos de física da matéria condensada, ciência dos materiais e modelação computacional, os investigadores estão a desenvolver novos quadros teóricos e técnicas experimentais para melhor compreender e prever a supercondutividade a alta temperatura.

6.3 Inovações nas tecnologias de supercondutores

Os avanços nos materiais supercondutores estão a impulsionar inovações numa vasta gama de tecnologias, prometendo um melhor desempenho e novas capacidades.

6.3.1 Computação quântica:

- **Qubits da próxima geração:** Os investigadores estão a desenvolver novos tipos de qubits supercondutores com tempos de coerência, fidelidades de porta e escalabilidade melhorados. Inovações como os qubits topológicos e os códigos de correção de erros têm como objetivo tornar os computadores quânticos mais robustos e capazes de realizar cálculos complexos de forma fiável.

- **Redes quânticas:** Os processadores quânticos supercondutores estão a ser integrados em redes quânticas, onde podem comunicar com outros dispositivos quânticos através de fotões emaranhados. Este desenvolvimento abre caminho à computação quântica distribuída e a sistemas de comunicação quântica seguros.

6.3.2 Eletrónica supercondutora:

- **Computação de baixo consumo:** A eletrónica supercondutora, incluindo os circuitos lógicos quânticos de fluxo único (SFQ), oferece o potencial para uma computação de ultra-baixa potência com funcionamento a alta velocidade. Estas tecnologias poderão revolucionar os centros de dados e a computação de alto desempenho, reduzindo significativamente o consumo de energia.

- **Memória supercondutora:** Está em curso investigação para desenvolver dispositivos de memória supercondutora que possam armazenar e recuperar informação com perdas mínimas de energia. Estes dispositivos de memória poderiam complementar os processadores supercondutores na construção de sistemas de computação eficientes em termos energéticos.

6.3.3 Tecnologias médicas:

- **Técnicas avançadas de imagiologia:** Os ímanes e sensores supercondutores estão a ser desenvolvidos para técnicas de imagiologia médica da próxima geração, como a RMN de campo ultra-elevado e sistemas MEG avançados. Estas tecnologias têm como objetivo proporcionar uma resolução e sensibilidade ainda mais elevadas, melhorando as capacidades de diagnóstico e os resultados para os doentes.

- **Sensores biomédicos:** Os sensores supercondutores estão a ser explorados para várias aplicações biomédicas, incluindo a deteção de sinais biomagnéticos mínimos para diagnóstico e monitorização não invasivos.

6.4 Supercondutividade em sistemas de energia

Os materiais supercondutores têm o potencial de revolucionar os sistemas energéticos, tornando-os mais eficientes, fiáveis e sustentáveis.

6.4.1 Tecnologias de grelha supercondutora:

- **Redes inteligentes:** As tecnologias de supercondutores estão a ser integradas em sistemas de redes inteligentes para melhorar a sua eficiência e resiliência. Os limitadores supercondutores de corrente de falha (SFCLs) protegem as redes eléctricas de curto-circuitos e sobrecargas, melhorando a fiabilidade e reduzindo o tempo de inatividade.

- **Integração de energias renováveis:** Os cabos eléctricos supercondutores e os sistemas de armazenamento de energia estão a permitir a integração de fontes de energia renováveis na rede. Estas tecnologias ajudam a equilibrar a oferta e a procura, armazenam o excesso de energia e fornecem energia de forma eficiente a longas distâncias.

6.4.2 Energia de fusão:

- **Fusão por confinamento magnético:** Os ímanes supercondutores são componentes essenciais dos reactores de fusão por confinamento magnético, como os tokamaks e os stellarators. Estes ímanes geram os fortes campos magnéticos necessários para confinar e controlar o plasma, aproximando-nos da concretização da fusão como uma fonte de energia prática e abundante.

- **Supercondutores de alta temperatura na fusão:** O desenvolvimento de supercondutores de alta temperatura é particularmente benéfico para a energia de fusão, uma vez que podem funcionar a temperaturas e campos magnéticos mais elevados, melhorando o desempenho e reduzindo os custos operacionais dos reactores de fusão.

6.5 Implicações ambientais e de sustentabilidade

A adoção de tecnologias de supercondutores tem implicações significativas para a sustentabilidade ambiental e a conservação de energia.

6.5.1 Eficiência energética:

- **Reduzir as perdas de energia:** Os materiais supercondutores, com a sua resistência eléctrica nula, podem reduzir significativamente as perdas de energia na transmissão de energia e nos dispositivos electrónicos. Esta redução no consumo de energia é crucial para mitigar as alterações climáticas e promover uma utilização sustentável da energia.

- **Sistemas de arrefecimento eficientes:** As inovações em materiais supercondutores que funcionam a temperaturas mais elevadas reduzem a necessidade de sistemas de arrefecimento que consomem muita energia, aumentando ainda mais a eficiência energética global das aplicações de supercondutores.

6.5.2 Fabrico sustentável:

- **Materiais ecológicos:** Os investigadores estão a explorar métodos amigos do ambiente para sintetizar materiais supercondutores, concentrando-se na redução da utilização de químicos tóxicos e na minimização dos resíduos. As práticas de fabrico sustentáveis são essenciais para a produção de supercondutores em grande escala.

- **Reciclagem e reutilização:** O desenvolvimento de métodos de reciclagem e reutilização de materiais supercondutores no final do seu ciclo de vida é importante para reduzir o impacto ambiental e promover uma economia circular.

6.6 Impacto social e económico

A adoção generalizada de tecnologias de supercondutores tem o potencial de impulsionar o crescimento económico e os benefícios sociais.

6.6.1 Crescimento económico:

- **Avanços tecnológicos:** O desenvolvimento e a comercialização de tecnologias de supercondutores podem criar novas indústrias e oportunidades de emprego, impulsionando o crescimento económico. Sectores como os cuidados de saúde, a energia, os transportes e a informática estão preparados para beneficiar significativamente da supercondutividade.

- **Competitividade global:** Os países que investem na investigação e desenvolvimento da supercondutividade podem ganhar uma vantagem competitiva no mercado global, conduzindo à liderança tecnológica e à prosperidade económica.

6.6.2 Benefícios sociais:

- **Melhoria dos cuidados de saúde:** Os avanços na imagiologia médica e nas ferramentas de diagnóstico possibilitados pelos supercondutores podem conduzir a uma deteção e tratamento mais precoces de doenças, melhorando os resultados em termos de saúde pública.

- **Melhoria da qualidade de vida:** As tecnologias de supercondutores podem melhorar a qualidade de vida, fornecendo energia mais fiável, transportes mais rápidos e capacidades informáticas avançadas, contribuindo para uma sociedade mais conectada e eficiente.

6.7 Desafios e orientações futuras

Apesar do futuro promissor da supercondutividade, é necessário enfrentar vários desafios para concretizar plenamente o seu potencial.

6.7.1 Desafios técnicos:

- **Estabilidade dos materiais:** Garantir a estabilidade e o desempenho a longo prazo dos materiais supercondutores em condições operacionais é um desafio fundamental. É necessária investigação para compreender e atenuar os factores que podem degradar as propriedades dos supercondutores ao longo do tempo.

- **Escalabilidade:** O desenvolvimento de métodos de produção em escala para materiais supercondutores de alta qualidade é essencial para a sua adoção generalizada. Os avanços nas técnicas de síntese, processamento e fabrico de materiais são fundamentais para atingir este objetivo.

6.7.2 Desafios económicos e logísticos:

- **Redução de custos:** O elevado custo dos materiais supercondutores e dos sistemas de arrefecimento constitui um obstáculo à sua utilização generalizada. As inovações que reduzem os custos de produção e melhoram a eficiência das tecnologias de arrefecimento são cruciais para tornar as aplicações de supercondutores economicamente viáveis.

- **Desenvolvimento de infra-estruturas:** A construção das infra-estruturas necessárias para apoiar as tecnologias de supercondutores, tais como instalações criogénicas e fábricas especializadas, exige um investimento e um planeamento significativos.

6.7.3 Política e regulamentação:

- **Políticas de apoio:** Os governos desempenham um papel crucial na promoção da investigação e desenvolvimento da supercondutividade através de financiamento, incentivos e políticas de apoio. A colaboração internacional e os esforços de normalização são também importantes para o avanço global das tecnologias de supercondutores.

- **Quadros regulamentares:** O estabelecimento de quadros regulamentares que garantam a utilização segura e eficaz das tecnologias de supercondutores é essencial para a sua adoção. Isto inclui a abordagem de questões de segurança, impacto ambiental e considerações éticas.

6.8 Resumo

O futuro da supercondutividade está repleto de possibilidades excitantes e de potencial transformador. Os avanços nos supercondutores de alta temperatura, as inovações nas tecnologias supercondutoras e as suas aplicações em sistemas energéticos, computação quântica e tecnologias médicas estão preparados para revolucionar várias indústrias e melhorar a qualidade de vida.

Embora subsistam desafios, os esforços de investigação e desenvolvimento em curso estão a preparar o caminho para novas descobertas e aplicações. A natureza interdisciplinar da investigação sobre supercondutividade, combinada com políticas e investimentos de apoio, impulsionará a evolução contínua deste domínio.

À medida que olhamos para o futuro, a promessa da supercondutividade de aumentar a eficiência energética, impulsionar a inovação tecnológica e contribuir para o desenvolvimento sustentável é mais convincente do que nunca. O percurso da supercondutividade, desde a sua descoberta até às suas tendências e inovações futuras, exemplifica o poder da exploração científica e do progresso tecnológico na construção de um mundo melhor.

Capítulo 7: Desafios e considerações éticas no domínio da supercondutividade

7.1 Introdução

À medida que a supercondutividade continua a progredir e a encontrar novas aplicações, traz consigo uma série de desafios e considerações éticas que devem ser cuidadosamente abordados. Este capítulo explora os principais desafios que o campo da supercondutividade enfrenta, desde os obstáculos técnicos até às implicações éticas mais amplas que surgem da sua adoção generalizada e integração em várias tecnologias.

7.2 Desafios técnicos

A supercondutividade, embora prometa numerosos benefícios, apresenta vários desafios técnicos que têm de ser ultrapassados para a sua aplicação mais alargada.

7.2.1 Desenvolvimento de materiais:

- **Supercondutores de alta temperatura:** Apesar dos progressos significativos, a descoberta e o desenvolvimento de supercondutores de alta temperatura que funcionem à temperatura ambiente ou a temperaturas mais elevadas continuam a ser um grande desafio. Os investigadores estão a explorar novos materiais e técnicas de síntese para atingir temperaturas críticas mais elevadas e melhorar o desempenho dos materiais.

- **Fabrico e escalabilidade:** A produção de materiais supercondutores de alta qualidade em grandes quantidades e a um custo razoável é essencial para as aplicações comerciais. São necessários avanços nas técnicas de fabrico e processos de fabrico escaláveis para satisfazer a procura de dispositivos e sistemas supercondutores.

7.2.2 Criogenia e sistemas de arrefecimento:

- **Eficiência energética:** A dependência de sistemas de refrigeração criogénica, como o hélio líquido, coloca desafios em termos de consumo de energia e requisitos de infraestrutura. O desenvolvimento de tecnologias de refrigeração mais eficientes e sustentáveis é crucial para reduzir os custos operacionais e o impacto ambiental.

- **Estabilidade operacional:** Garantir a estabilidade e a fiabilidade dos materiais supercondutores a temperaturas criogénicas durante longos períodos apresenta desafios técnicos. Está em curso investigação para melhorar a durabilidade e o tempo de vida operacional dos dispositivos e sistemas supercondutores.

7.3 Desafios da integração

A integração de tecnologias supercondutoras nas infra-estruturas e aplicações existentes coloca desafios únicos que devem ser enfrentados para uma implantação bem sucedida.

7.3.1 Compatibilidade com os sistemas existentes:

- **Interface e integração:** Os dispositivos supercondutores requerem frequentemente interfaces especializadas e estratégias de integração quando combinados com sistemas electrónicos convencionais. Assegurar a compatibilidade e a fiabilidade entre diferentes tecnologias e plataformas é essencial para um funcionamento sem falhas.

- **Conceção e otimização de sistemas:** A conceção de sistemas supercondutores que satisfaçam requisitos de desempenho específicos, como a eficiência energética e a fiabilidade, exige uma colaboração interdisciplinar e testes rigorosos.

7.3.2 Segurança e fiabilidade:

- **Mitigação de riscos:** As tecnologias de supercondutores, especialmente as que envolvem temperaturas criogénicas e campos magnéticos elevados, apresentam riscos de segurança que têm de ser mitigados. O desenvolvimento de protocolos de segurança robustos e de mecanismos à prova de falhas é fundamental para proteger tanto os operadores como o público em geral.

- **Engenharia de fiabilidade:** Melhorar a fiabilidade e a tolerância a falhas dos sistemas supercondutores através de monitorização avançada, manutenção preditiva e estratégias de redundância é essencial para minimizar o tempo de inatividade e as interrupções operacionais.

7.4 Considerações éticas

A adoção generalizada da supercondutividade levanta importantes considerações éticas que merecem uma reflexão e deliberação cuidadosas.

7.4.1 Acesso e equidade:

- **Fosso tecnológico:** O elevado custo dos materiais e infra-estruturas supercondutores pode exacerbar as disparidades existentes no acesso a tecnologias avançadas. Abordar a questão da acessibilidade económica e promover o acesso equitativo às inovações em supercondutores são imperativos éticos.

- **Impacto global:** Considerando o impacto global da supercondutividade nas economias e sociedades, devem ser feitos esforços para garantir que os benefícios sejam partilhados equitativamente entre nações e comunidades.

7.4.2 Impacto ambiental:

- **Sustentabilidade:** As tecnologias de supercondutores oferecem potenciais benefícios em termos de eficiência energética e redução da pegada ambiental. No entanto, a produção, o funcionamento e a eliminação de materiais e sistemas supercondutores devem ser geridos de forma responsável para minimizar o impacto ambiental.

- **Avaliação do ciclo de vida:** A realização de avaliações abrangentes do ciclo de vida (LCAs) para avaliar a pegada ambiental das tecnologias de supercondutores e identificar oportunidades de melhoria são passos essenciais na promoção de práticas sustentáveis.

7.5 Desafios regulamentares e políticos

O estabelecimento de quadros e políticas regulamentares eficazes é crucial para promover o desenvolvimento e a implantação responsáveis das tecnologias de supercondutores.

7.5.1 Normas e certificação:

- **Normas de segurança:** Desenvolvimento de normas de segurança internacionais e protocolos de certificação para dispositivos e sistemas supercondutores para garantir a conformidade com os requisitos regulamentares e reduzir os riscos.

- **Normas de desempenho:** Estabelecer padrões de referência de desempenho e normas de qualidade para materiais e tecnologias supercondutoras, a fim de promover a fiabilidade, a interoperabilidade e a confiança dos consumidores.

7.5.2 Considerações políticas:

- **Financiamento da investigação:** Apoio governamental e investimento na investigação e desenvolvimento da supercondutividade para impulsionar a inovação e o avanço tecnológico.

- **Directrizes éticas:** Incorporação de orientações e considerações éticas em quadros políticos para dar resposta a preocupações societais e promover a utilização responsável de tecnologias de supercondutores.

7.6 Impacto social e perceção pública

Compreender as atitudes e as percepções da sociedade em relação à supercondutividade é essencial para promover a aceitação e a confiança do público.

7.6.1 Educação e sensibilização:

- **Envolvimento do público:** Educar o público sobre os benefícios, riscos e implicações éticas da supercondutividade através de programas de divulgação, workshops e iniciativas educativas.

- **Diálogo ético:** Encorajar um diálogo aberto e transparente entre as partes interessadas, incluindo cientistas, decisores políticos, líderes da indústria e o público, para responder a preocupações e criar consensos sobre questões éticas.

7.6.2 Valores culturais e éticos:

- **Sensibilidade cultural:** Reconhecer a diversidade cultural e os valores aquando da implementação de tecnologias de supercondutores em diferentes regiões e comunidades.

- **Tomada de decisões éticas:** Incorporação de quadros de tomada de decisões éticas, como as avaliações de impacto ético, para orientar o desenvolvimento e a implantação de tecnologias de supercondutores de uma forma socialmente responsável.

7.7 Orientações e recomendações para o futuro

Para enfrentar os desafios e as considerações éticas associadas à supercondutividade, várias recomendações podem orientar a investigação futura, o desenvolvimento de políticas e as práticas da indústria.

7.7.1 Investigação em colaboração: Promover a colaboração interdisciplinar e a cooperação internacional para acelerar os avanços na investigação e desenvolvimento da supercondutividade.

7.7.2 Práticas sustentáveis: Promover processos de fabrico sustentáveis, tecnologias eficientes do ponto de vista energético e práticas responsáveis de gestão de resíduos na produção e utilização de materiais supercondutores.

7.7.3 Governação ética: Estabelecer directrizes éticas, quadros regulamentares e normas que dêem prioridade à segurança, equidade e sustentabilidade ambiental na implantação de tecnologias de supercondutores.

7.7.4 Envolvimento do público: Envolver as partes interessadas através do diálogo inclusivo, da educação e de campanhas de sensibilização para promover a compreensão e a confiança na supercondutividade.

7.8 Conclusão

A supercondutividade é uma promessa imensa para o avanço da tecnologia e para enfrentar os desafios sociais, mas o seu desenvolvimento e integração devem ser orientados por uma cuidadosa consideração dos desafios técnicos, das implicações éticas e dos quadros regulamentares. Ao abordar estes desafios de forma proactiva e responsável, podemos aproveitar todo o potencial da supercondutividade, assegurando simultaneamente que os seus benefícios são partilhados de forma equitativa e sustentável em todo o mundo. O caminho a percorrer exige colaboração, inovação e um compromisso com os princípios éticos para moldar um futuro em que a supercondutividade contribua positivamente para a humanidade e para o ambiente.

Capítulo 8: Perspectivas futuras e tendências emergentes no domínio da supercondutividade

8.1 Introdução

O futuro da supercondutividade reserva possibilidades interessantes à medida que a investigação em curso continua a descobrir novos materiais, tecnologias e aplicações. Este capítulo explora as tendências emergentes e as perspectivas futuras da supercondutividade, destacando as principais áreas de inovação e o seu potencial impacto em vários domínios, incluindo a energia, a computação, os cuidados de saúde e muito mais.

8.2 Avanços nos supercondutores de alta temperatura

Os supercondutores de alta temperatura (HTS) representam uma fronteira na investigação da supercondutividade, oferecendo o potencial para aplicações práticas a temperaturas superiores às dos tradicionais supercondutores de baixa temperatura.

8.2.1 Descoberta de novos materiais:

- **Exploração de hidretos e mais além:** Os investigadores estão a explorar compostos ricos em hidrogénio (hidretos) e outros materiais novos para a supercondutividade a alta temperatura. Descobertas recentes, como a descoberta da supercondutividade em hidretos a alta pressão, alargaram a gama de materiais em investigação.

- **Abordagens computacionais:** Os avanços na ciência dos materiais computacionais, incluindo a aprendizagem automática e a inteligência artificial, estão a acelerar a descoberta de novos materiais HTS através da previsão das suas propriedades electrónicas e estruturais.

8.2.2 Aplicações no domínio da energia e não só:

- **Transmissão de energia:** Os materiais HTS permitem uma transmissão de energia mais eficiente e fiável, reduzindo as perdas de energia e melhorando a estabilidade da rede. Os cabos de energia supercondutores e os limitadores de corrente de falha (SFCLs) estão preparados para desempenhar um papel significativo na modernização da infraestrutura energética.

- **Fusão por confinamento magnético:** Os ímanes HTS são cruciais para o avanço dos reactores de fusão por confinamento magnético, oferecendo campos magnéticos mais elevados e temperaturas operacionais que podem melhorar o desempenho e a eficiência do reator.

8.3 Computação quântica e tecnologias da informação

Os qubits supercondutores estão na vanguarda da investigação em computação quântica, prometendo revolucionar o processamento de informação e a criptografia.

8.3.1 Escalabilidade e correção de erros:

- **Qubits topológicos:** Os investigadores estão a explorar os qubits supercondutores topológicos, que são mais robustos contra erros e decoerência. Estes qubits poderão aumentar significativamente a escalabilidade e a fiabilidade dos computadores quânticos.

- **Códigos de correção de erros:** O desenvolvimento de códigos de correção de erros eficientes, adaptados aos qubits supercondutores, é crucial para conseguir uma computação quântica tolerante a falhas, permitindo algoritmos e simulações complexos.

8.3.2 Redes e comunicações quânticas:

- **Redes baseadas no emaranhamento:** Os qubits supercondutores são essenciais para a construção de redes quânticas baseadas no emaranhamento, permitindo a comunicação segura e a computação quântica distribuída. Estas redes são prometedoras para o avanço da tecnologia da informação e da criptografia.

8.4 Aplicações de imagiologia médica e cuidados de saúde

A supercondutividade continua a melhorar as tecnologias de imagiologia médica, permitindo diagnósticos e tratamentos mais precisos.

8.4.1 RMN de campo ultra-elevado:

- **Resolução melhorada:** Os ímanes supercondutores permitem scanners de RMN de campo ultra-elevado com campos magnéticos mais fortes, melhorando a resolução da imagem e a precisão do diagnóstico. Estes scanners são essenciais para o estudo de estruturas anatómicas detalhadas e para a deteção de anomalias subtis.

- **Ressonância magnética funcional (fMRI):** Os avanços na tecnologia de supercondutores apoiam as técnicas de ressonância magnética funcional que medem a atividade cerebral, ajudando a compreender as perturbações neurológicas e as funções cognitivas.

8.4.2 Sensores e detectores biomédicos:

- **Tecnologia SQUID:** Os Dispositivos de Interferência Quântica Supercondutores (SQUID) são detectores sensíveis utilizados em medições biomagnéticas, como a magnetoencefalografia (MEG) e a imagiologia biomagnética. Estes sensores oferecem uma sensibilidade sem precedentes para o estudo da função cerebral e da dinâmica cardiovascular.

8.5 Armazenamento de energia e integração na rede

As tecnologias de supercondutores estão preparadas para transformar o armazenamento de energia e a integração na rede, melhorando a eficiência e a fiabilidade.

8.5.1 Armazenamento de energia magnética por supercondutores (SMES):

- **Armazenamento de alta eficiência:** Os sistemas SMES armazenam energia em bobinas supercondutoras, oferecendo alta eficiência e tempos de resposta rápidos para estabilização da rede e gestão de picos de carga.

- **Integração com energias renováveis:** Os sistemas SMES facilitam a integração de fontes de energia renováveis, armazenando o excesso de energia e atenuando as flutuações no fornecimento, apoiando uma rede de energia mais sustentável.

8.5.2 Dispositivos de potência supercondutores:

- **Limitadores de corrente de falha supercondutores (SFCLs):** Os SFCLs protegem as redes eléctricas de falhas e sobrecargas limitando rapidamente as correntes de falha, melhorando a fiabilidade da rede e minimizando o tempo de inatividade.

- **Aplicações de alta potência:** Os dispositivos de potência supercondutores, incluindo transformadores e motores, oferecem maior eficiência e designs compactos em comparação com as tecnologias convencionais, reduzindo as perdas de energia e os custos operacionais.

8.6 Supercondutividade no espaço e na indústria aeroespacial

Os materiais e dispositivos supercondutores são promissores para o avanço da exploração espacial e das tecnologias aeroespaciais.

8.6.1 Tecnologia de satélite:

- **Sensores de alta sensibilidade:** Os sensores e detectores supercondutores são utilizados em cargas úteis de satélites para imagiologia de alta resolução, comunicações e investigação científica. Estes sensores oferecem um desempenho superior na deteção de sinais fracos do espaço.

- **Sistemas criogénicos:** Os avanços nos sistemas criogénicos que utilizam materiais supercondutores permitem uma gestão eficiente do arrefecimento e da energia em missões espaciais, aumentando a duração e as capacidades das missões.

8.6.2 Propulsão e levitação magnética (Maglev):

- **Propulsão Maglev:** Os ímanes supercondutores são essenciais para os sistemas de levitação magnética (maglev) nos transportes e, potencialmente, nos futuros sistemas de lançamento espacial. A tecnologia Maglev oferece capacidades de transporte e lançamento de alta velocidade e sem fricção, revolucionando o acesso ao espaço e a mobilidade.

8.7 Impacto ambiental e social

A adoção de tecnologias de supercondutores tem implicações significativas para a sustentabilidade, a conservação dos recursos e o bem-estar da sociedade.

8.7.1 Sustentabilidade e eficiência energética:

- **Redução do consumo de energia:** Os materiais supercondutores reduzem as perdas de energia nos sistemas de transmissão e armazenamento de energia, contribuindo para a conservação de energia e para a redução das emissões de gases com efeito de estufa.

- **Eficiência de recursos:** O desenvolvimento de processos de fabrico sustentáveis para materiais e dispositivos supercondutores promove a eficiência dos recursos e minimiza o impacto ambiental ao longo do seu ciclo de vida.

8.7.2 Benefícios e desafios societais:

- **Avanços tecnológicos:** As tecnologias de supercondutores oferecem benefícios para a sociedade, tais como melhores diagnósticos no domínio dos cuidados de saúde, melhores sistemas de transporte e redes de energia mais eficientes. No entanto, é crucial abordar questões de acesso, acessibilidade económica e considerações éticas para garantir uma distribuição equitativa dos benefícios.

8.8 Desafios e orientações futuras

Para concretizar todo o potencial da supercondutividade, é necessário enfrentar vários desafios através de esforços de colaboração em matéria de investigação, política e práticas industriais.

8.8.1 Desafios da ciência dos materiais:

- **Descoberta de novos materiais:** A exploração contínua de novos materiais supercondutores e a compreensão das suas propriedades fundamentais são essenciais para o avanço da supercondutividade a alta temperatura e de outras aplicações.

- **Fabrico e escalabilidade:** Desenvolver métodos de produção escaláveis para materiais e dispositivos supercondutores para satisfazer a procura mundial, garantindo simultaneamente uma qualidade e um desempenho consistentes.

8.8.2 Integração tecnológica:

- **Integração de sistemas:** A integração de tecnologias supercondutoras nas infra-estruturas e aplicações existentes requer a superação de barreiras técnicas, a garantia de compatibilidade e a otimização do desempenho em diversos sectores.

- **Segurança e fiabilidade:** Reforço da segurança, fiabilidade e estabilidade operacional de sistemas supercondutores através de materiais avançados, metodologias de conceção e estratégias de gestão dos riscos.

8.9 Quadros políticos e regulamentares

O estabelecimento de quadros políticos e normas regulamentares sólidos é fundamental para orientar a implantação e adoção responsáveis das tecnologias de supercondutores.

8.9.1 Normas e certificação:

- **Normas de segurança:** Desenvolvimento de normas de segurança internacionais e protocolos de certificação para dispositivos e sistemas supercondutores para garantir a conformidade e reduzir os riscos.

- **Normas de desempenho:** Estabelecimento de padrões de desempenho e de normas de qualidade para materiais e tecnologias supercondutoras, a fim de promover a fiabilidade, a interoperabilidade e a confiança dos consumidores.

8.9.2 Considerações políticas:

- **Financiamento da investigação:** Os governos e as organizações devem continuar a investir na investigação e desenvolvimento da supercondutividade para impulsionar a inovação, enfrentar os desafios técnicos e expandir as aplicações.

- **Directrizes éticas:** Incorporar considerações éticas e o envolvimento das partes interessadas nos quadros políticos para dar resposta às preocupações societais, promover a transparência e fomentar a utilização responsável das tecnologias de supercondutores.

8.10 Conclusão

O futuro da supercondutividade é brilhante, com os avanços em curso a abrirem caminho para aplicações transformadoras em todos os sectores. Desde os supercondutores de alta temperatura que permitem sistemas de energia eficientes até aos qubits supercondutores que revolucionam a computação, o impacto potencial destas tecnologias é vasto.

A abordagem de desafios como o desenvolvimento de materiais, a integração tecnológica e as considerações éticas serão cruciais para a concretização deste potencial. Ao promover a colaboração, a inovação e a governação responsável, podemos aproveitar todas as capacidades da supercondutividade para criar um futuro sustentável, eficiente e tecnologicamente avançado para a humanidade.

Abraçando a promessa da supercondutividade

A supercondutividade emergiu como uma pedra angular da ciência e da tecnologia modernas, prometendo avanços transformadores em diversos domínios, desde a energia e a computação até aos cuidados de saúde e muito mais. Ao longo deste livro, explorámos a história rica, os princípios fundamentais, os avanços actuais e as perspectivas futuras da supercondutividade, destacando o seu potencial para revolucionar as indústrias e melhorar a qualidade de vida em todo o mundo.

Recapitulação dos temas-chave

Desde a sua descoberta fortuita em 1911 por Kamerlingh Onnes até ao desenvolvimento de aplicações práticas na imagiologia por ressonância magnética (MRI), a supercondutividade tem vindo a alargar continuamente os limites do que é possível na ciência e na engenharia. A descoberta dos supercondutores de alta temperatura (HTS) na década de 1980 marcou um momento decisivo, oferecendo o potencial para a supercondutividade a temperaturas mais propícias a aplicações práticas.

Explorámos os princípios fundamentais subjacentes à supercondutividade, incluindo a teoria BCS e os mecanismos que conduzem à supercondutividade a alta temperatura em materiais não convencionais. A intrincada interação entre a mecânica quântica, a ciência dos materiais e a engenharia tem alimentado a investigação em curso sobre novos materiais supercondutores e suas aplicações.

Aplicações e impactos

As aplicações práticas da supercondutividade são múltiplas e estão em expansão. Nos sistemas energéticos, os cabos supercondutores e os limitadores de corrente de falha prometem aumentar a eficiência e a fiabilidade das redes eléctricas, enquanto os ímanes supercondutores fazem avançar os diagnósticos médicos e permitem investigação de ponta em física e química. A computação quântica, possibilitada por qubits supercondutores, tem o potencial de revolucionar o processamento de informações e a criptografia, abrindo caminho para novos algoritmos e paradigmas computacionais.

O papel da supercondutividade na exploração espacial, nos transportes (como os comboios maglev) e na integração de energias renováveis sublinha a sua versatilidade e potencial para enfrentar desafios globais como as alterações climáticas e a sustentabilidade dos recursos. Além disso, os avanços nos materiais e dispositivos supercondutores continuam a impulsionar o crescimento económico, a promover a inovação tecnológica e a melhorar o bem-estar social.

Desafios e considerações éticas

Apesar da sua promessa, a supercondutividade enfrenta desafios significativos. Devem ser ultrapassados obstáculos técnicos, como o desenvolvimento de processos de fabrico escaláveis para supercondutores de alta temperatura e o aumento da fiabilidade dos sistemas supercondutores. A integração nas infra-estruturas existentes, a garantia da segurança e a abordagem de considerações éticas relacionadas com o acesso, a equidade e o impacto ambiental são fundamentais para uma implantação e adoção responsáveis.

Olhando para o futuro: Direcções futuras

Ao olharmos para o futuro, as perspectivas para a supercondutividade são brilhantes. A investigação em curso na ciência dos materiais, a modelação computacional e a colaboração interdisciplinar prometem desvendar novas fronteiras na supercondutividade a alta temperatura e nas tecnologias quânticas. As tendências emergentes, como os supercondutores topológicos e os sistemas avançados de armazenamento de energia, têm o potencial de expandir ainda mais as aplicações e os benefícios da supercondutividade.

Conclusão: Um apelo à ação

O percurso da supercondutividade, desde os seus primórdios até à vanguarda da ciência moderna, exemplifica o poder da curiosidade humana, da inovação e da colaboração. Como investigadores, engenheiros, decisores políticos e cidadãos globais, temos a responsabilidade colectiva de cultivar e fazer avançar a supercondutividade de forma responsável. Ao investir na investigação, ao fomentar a cooperação internacional e ao integrar considerações éticas nos quadros políticos, podemos aproveitar todo o potencial da supercondutividade para enfrentar desafios sociais prementes e criar um futuro sustentável para as gerações vindouras.

Em conclusão, a promessa da supercondutividade não reside apenas nas suas proezas tecnológicas, mas também na sua capacidade de inspirar a imaginação, impulsionar a inovação e moldar um mundo mais interligado, eficiente e equitativo.

Referências:

1. Bednorz, J. G. & Müller, K. A. Perovskite-type oxidesThe newapproach to high-Tc superconductivity. Rev. Mod. Phys. 60, 585-600(1988).

2. Kittel, C. Introdução à física do estado sólido. Solid State Phys. 703(2005). doi:10.1119/1.1974177

3. Bardeen, J., Cooper, L. & Schrieffer, J. Theory of superconductivity.Physical Review 108, 1175 (1957).

4. supercondutores de onda d e estados limite - TU Delft OCW. Disponível em: https://ocw.tudelft.nl/course-readings/d-wave-superconductors-edge-states/. (Acedido em: 15 de janeiro de 2018)

5. R. Kossowsky, Bernard Raveau, Dieter Wohlleben, S. K. P. Physicsand Materials Science of High Temperature Superconductors, II.(1991).

6. Tsuei, C. C. & Kirtley, J. R. Quantização do fluxo de meio-inteiro em supercondutores não convencionais. 19 (2011).

7. Brian D. Josephson - Factos. Disponível em: https://www.nobelprize.org/nobel_prizes/physics/laureates/1973/josephson-facts.html. (Acedido em: 15 de janeiro de 2018)

8. Hirsch, J. E., Maple, M. B. & Marsiglio, F. Superconductingmaterials classes: Introdução e visão geral. Physica C:Superconductivity and its Applications 514, 1-8 (2015).

9. Jun Nagamatsu; Norimasa Nakagawa; Takahiro Muranaka, Y. Z. ; J.A. Superconductivity at 49 K in copper doping magnesium diboride.Nature 410, 1-3 (2001).

10. Drozdov, A. P., Eremets, M. I., Troyan, I. A., Ksenofontov, V. &Shylin, S. I. Supercondutividade convencional a 203 kelvin a altas pressões no sistema de hidreto de enxofre. Nature 525, 73-76 (2015).

11. Kamihara, Y., Watanabe, T., Hirano, M. & Hosono, H. Supercondutor em camadas à base de ferro La[O1-xFx]FeAs (x= 0,05-0,12) com Tc = 26K. J. Am. Chem. Soc. 130, 3296-3297 (2008).

12. Hosono, H. & Kuroki, K. Supercondutores à base de ferro: Estado atual dos materiais e mecanismo de emparelhamento. Phys. C Supercond. its Appl.514, 399-422 (2015).

13. Geibel, Christoph; Jesche, Anton; Kasinathan, Deepa; Krellner,Cornelius; Leithe-Jasper, Andreas; Nicklas, Michael; Rosner, Helge;Schnelle, Walter; Thalmeier, Peter; Borrmann, Horst; Caroca-Canales, Nubia; Kaneko, Koji; Kumar, Manoj; Miclea, Corneliu Flo,U. Da alquimia para a dinâmica quântica: desvendando o segredo da supercondução, do magnetismo e das instabilidades estruturais nos polímeros de ferro. (2011).

14. Tsuei, C. C. ; D. T. Charge confinement effect in cupratesuperconductors: an explanation for the normal-state resistivity andpseudogap. T. Eur. Phys. J. B 10, 257-262 (1999).

15. Zhao, K. et al. Supercondutividade induzida por interface a ~25 K à pressão ambiente em monocristais de CaFe 2 As 2 não dopados. Proc. Natl.Acad. Sci. 113, 12968-12973 (2016).

16. Drozdov, A. P., Eremets, M. I. & Troyan, I. A. Conventionalsuperconductivity at 190 K at high pressures. arXiv.org 1412.0460(2014). doi:http://arxiv.org/abs/1412.046017. Hicks, C. W. et al. Forte aumento de Tc de Sr2RuO4 sob tensão de tração e compressão. Science 344, 283-285 (2014)

Printed by Books on Demand GmbH, Norderstedt / Germany